北京市科学技术协会科普创作出版资金资助

小水滴奇遇记

初探海绵城市

李海燕　史冬青　编著

中国城市出版社

图书在版编目（CIP）数据

小水滴奇遇记：初探海绵城市 / 李海燕，史冬青编著. —北京：中国城市出版社，2021.6

ISBN 978-7-5074-3377-7

Ⅰ. ①小… Ⅱ. ①李… ②史… Ⅲ. ①城市—雨水资源—水资源管理—青少年读物 Ⅳ. ①TV213.4-49

中国版本图书馆CIP数据核字（2021）第123755号

责任编辑：李玲洁
版式设计：锋尚设计
责任校对：赵　菲

小水滴奇遇记　初探海绵城市

李海燕　史冬青　编著

*

中国城市出版社出版、发行（北京海淀三里河路9号）
各地新华书店、建筑书店经销
北京锋尚制版有限公司制版
天津图文方嘉印刷有限公司印刷

*

开本：787毫米×960毫米　横1/16　印张：5¾　字数：90千字
2021年7月第一版　2021年7月第一次印刷
定价：**68.00**元

ISBN 978-7-5074-3377-7
（904363）

小水滴奇遇记　初探海绵城市

编委会

序言

读者朋友，你了解海绵城市吗？知道为什么要建设海绵城市？海绵城市和我们有什么关系？它怎样调节城市水生态？对人类的可持续发展又有怎样的影响？带着这些问题，请跟随本书的主人公“小水滴”一起来一次城市水环境探秘，去找寻问题的答案。

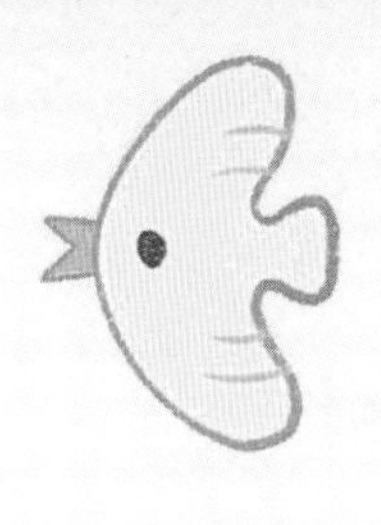

本书采取了拟人化的形式，从小水滴的视角，展示海绵设施的功能和用途。以探究的方式，学习海绵城市建设的理念与实践，挖掘出海绵城市“渗、滞、蓄、净、用、排”的六字核心。本书突出强调了城市水生态保护的重要意义，意在唤起青少年及社会公众的环保意识，积极参与海绵城市实践，推动生态文明建设。

本书主要内容基于北京建筑大学李海燕教授团队关于城市水环境的研究成果，笔者进行了科研成果科普化的有益探索，对于普及科学知识、传播科学方法、启迪科学思想、弘扬科学精神具有典型的现实意义。

目录

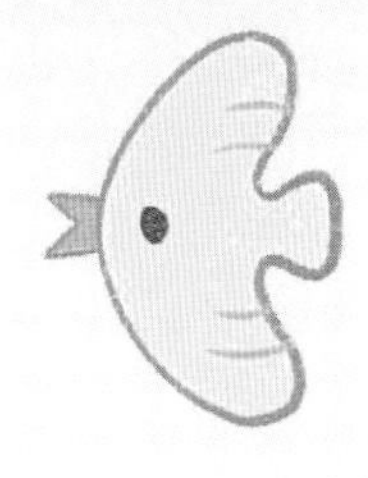

第一章

谈古论今话治水

水是生命之源，人类的历史就是一部与水共生、与水交融、与水共处的画卷。

古老的黄河和长江顺着时光流淌，伴随着中华民族一路成长。人类文明在河流的怀抱中诞生，但是水患也威胁着人类。以农业为主的汉民族，与水结缘，与水抗争。

从大禹、孙叔敖、西门豹到李冰，华夏儿女永远铭记这些治水英雄。

他是大禹，一生与水交融。一场洪灾，生灵涂炭，哀鸿遍野。作为部落首领，大禹告别妻子，带领族人，开始疏通河道。

整整十三年，他走遍大河上下，用神斧劈开龙门，凿通积石山和青铜峡，将水合通四海，还百姓一个安定家园。

他是孙叔敖，春秋时期楚国令尹。淮河流域，屡发洪灾，民不聊生。看着一批又一批的灾民沿街乞讨，看见楚王眉头紧锁，孙叔敖主动请缨，倾尽家财，历时三载，终于修筑了中国历史上第一个大规模的水利工程——芍陂，止住了水患，灌溉了良田。

他是西门豹，战国时期魏国邺令。他看到邺城人烟稀少，田地荒芜，立志一定要让泱泱漳河水灌溉出千亩良田。他惩治地方恶霸势力，禁止巫风，让出走的人回到自己的家园。他亲率百姓，勘测水源，开围挖掘十二渠。多年后的邺城，河清海晏。

他是李冰，战国时期秦国蜀郡太守。看到岷江水势浩大，蜀地地处低洼，川蜀人民世世代代与水抗争，他率领民众，主持修建了中国早期的灌溉工程——都江堰。自那以后，川蜀不再是“泽国”。

古往今来，任凭历史的车轮如何前进，人类永远铭记这些治水英雄。五千年的泱泱古国，在奔流不息的历史长河中，传承着文明与智慧，也续写着人类与水的故事。

随着时光的流逝和城市化的发展，人类与水的故事掀开了新篇章，小水滴也见证了这些变化。

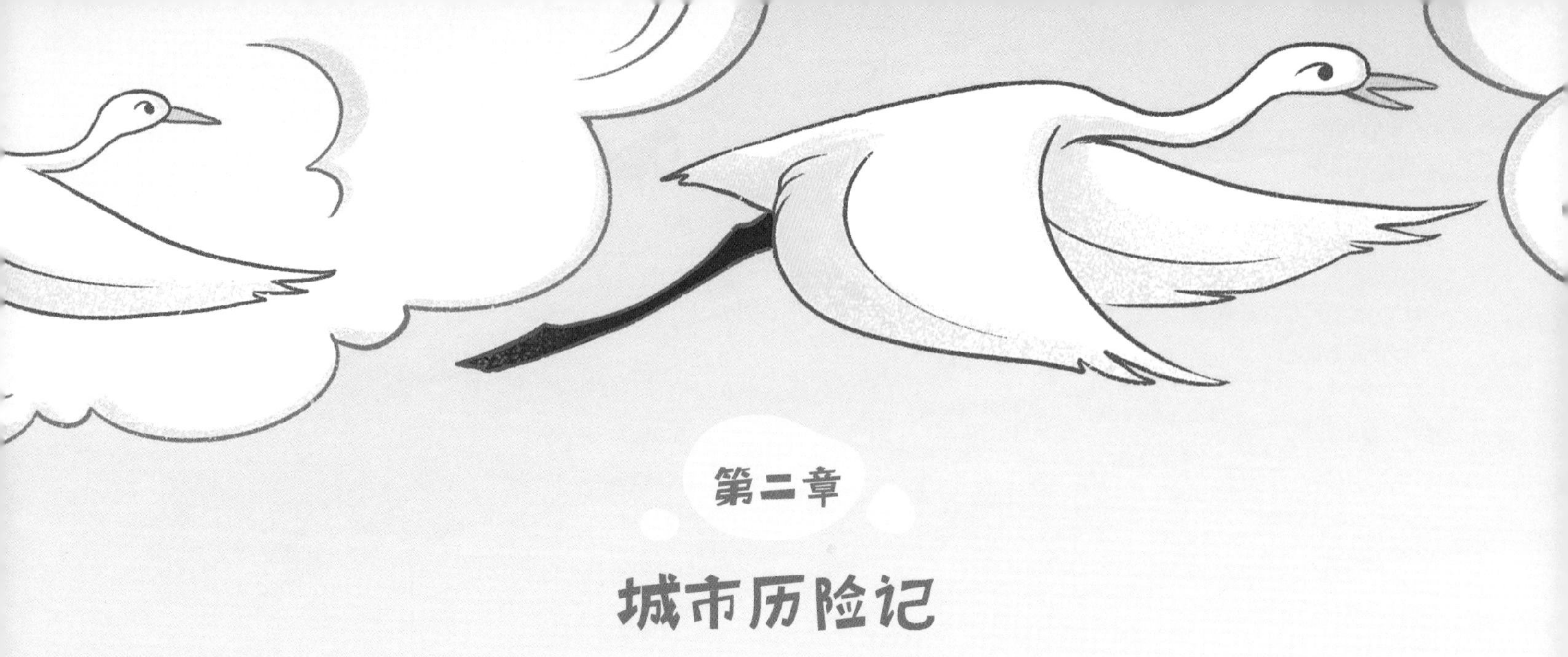

第二章

城市历险记

一群白鹭飞过，小水滴向它们招手叫道：“白鹭，好久不见了！你们这是要去哪里？”

白鹭说道：“我的好朋友，美丽的小水滴，我们要去一片很大的湿地，就在不远的城市边上，欢迎你来找我玩。”说着，白鹭和同伴一起飞远了。

忽然一阵风刮过，小水滴和无数的伙伴们一起，从云层上跳了下来。穿过雾霾，那些细小的悬浮颗粒物成为它的“好朋友”。

在汽车驶过的路上，它们又遇到了铅、汞、氮和磷；不知道是谁发现了不远处的垃圾箱，说道：“我们去找有机物吧。”

它们来到垃圾桶旁，悬浮颗粒物说："有机物，你们什么时候住上这么高大漂亮的房子了？"

有机物说："垃圾分类以后，我们就搬到这个绿色的大楼里了。对了，你们这是要去哪里啊？"

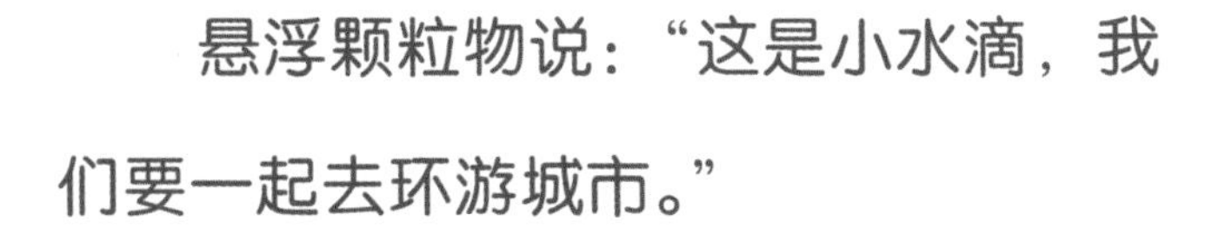

悬浮颗粒物说：“这是小水滴，我们要一起去环游城市。”

有机物觉得非常有趣，立即开心地加入小水滴的队伍。

小水滴问道：“有机物，垃圾是怎么分类的呢？”

“垃圾分类，就是将不同种类的垃圾装到不同颜色的垃圾箱里。红色垃圾箱装有害垃圾，蓝色垃圾箱装可回收物，绿色垃圾箱装厨余垃圾，黑色垃圾箱装其他垃圾。”有机物答。

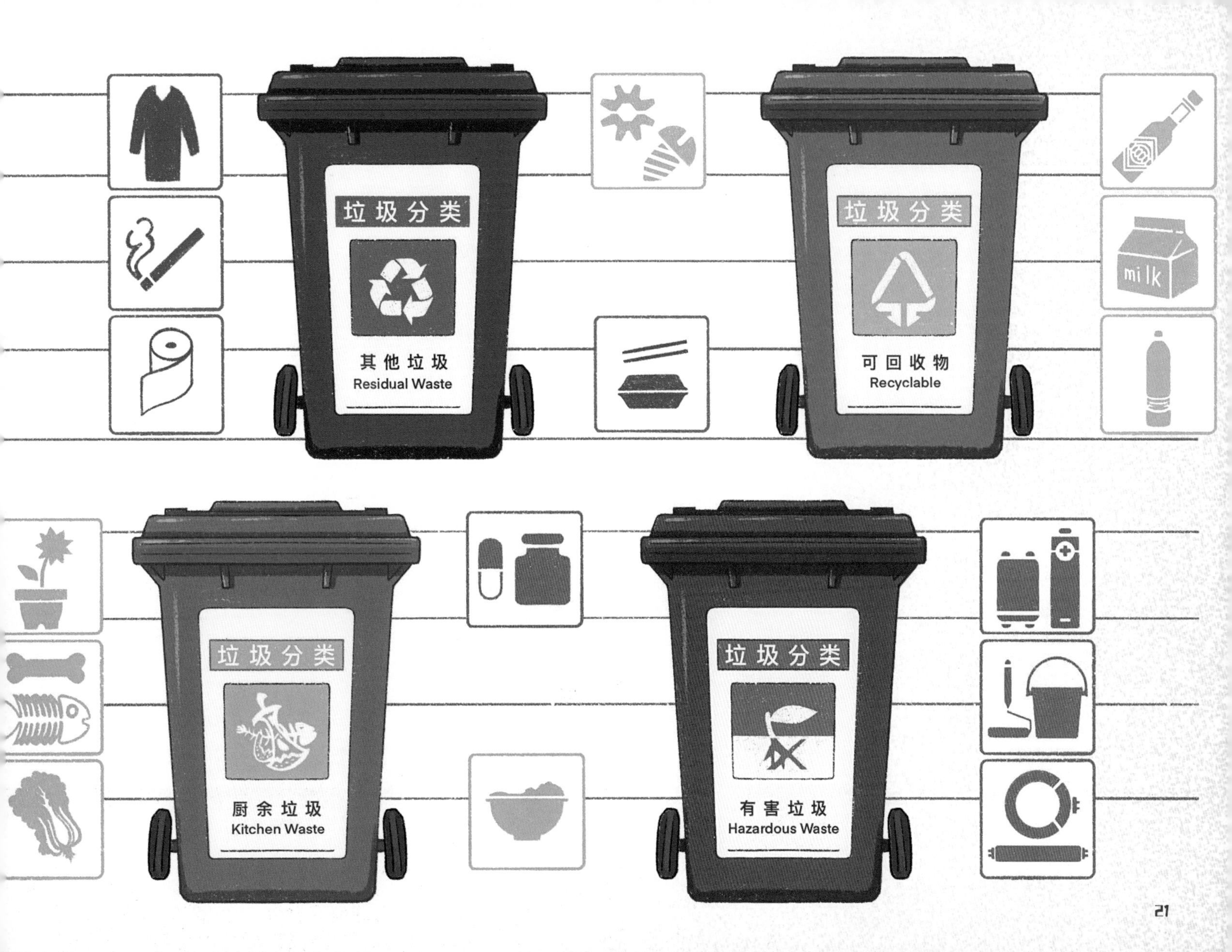
垃圾分类
其他垃圾
Residual Waste
垃圾分类
可回收物
Recyclable
milk
垃圾分类
厨余垃圾
Kitchen Waste
垃圾分类
有害垃圾
Hazardous Waste

小水滴和它的新朋友一起唱着歌，快乐地奔跑着。

突然，颗粒物拉住它，喊道：“小心人类的陷阱！”

“陷阱?”小水滴吓了一跳。

金属汞说：“人类的这个陷阱叫作‘雨水井’，里面一片漆黑。当年我的朋友一不留神掉了进去，再也没出来，别提多惨了。”

小水滴不禁同情地看着它们。

它们眼前忽然一亮，一座美丽的游乐园浮现在面前，有滑梯、水草、假山……大家正玩得开心，忽然听见氮、磷大声疾呼："大家当心，我们陷进'雨水塘'了，你们快离开！"

小水滴不禁有些失落。颗粒物连忙安慰它，小水滴想到此行的目的，又开心了起来，蹦蹦跳跳继续前行。

来不及和氮、磷说再见，它们就被一阵强大的吸力吸进了水管。再出来时，已经到了一片美丽的绿地，绿草如茵，鲜花盛放，还有蘑菇和树木。

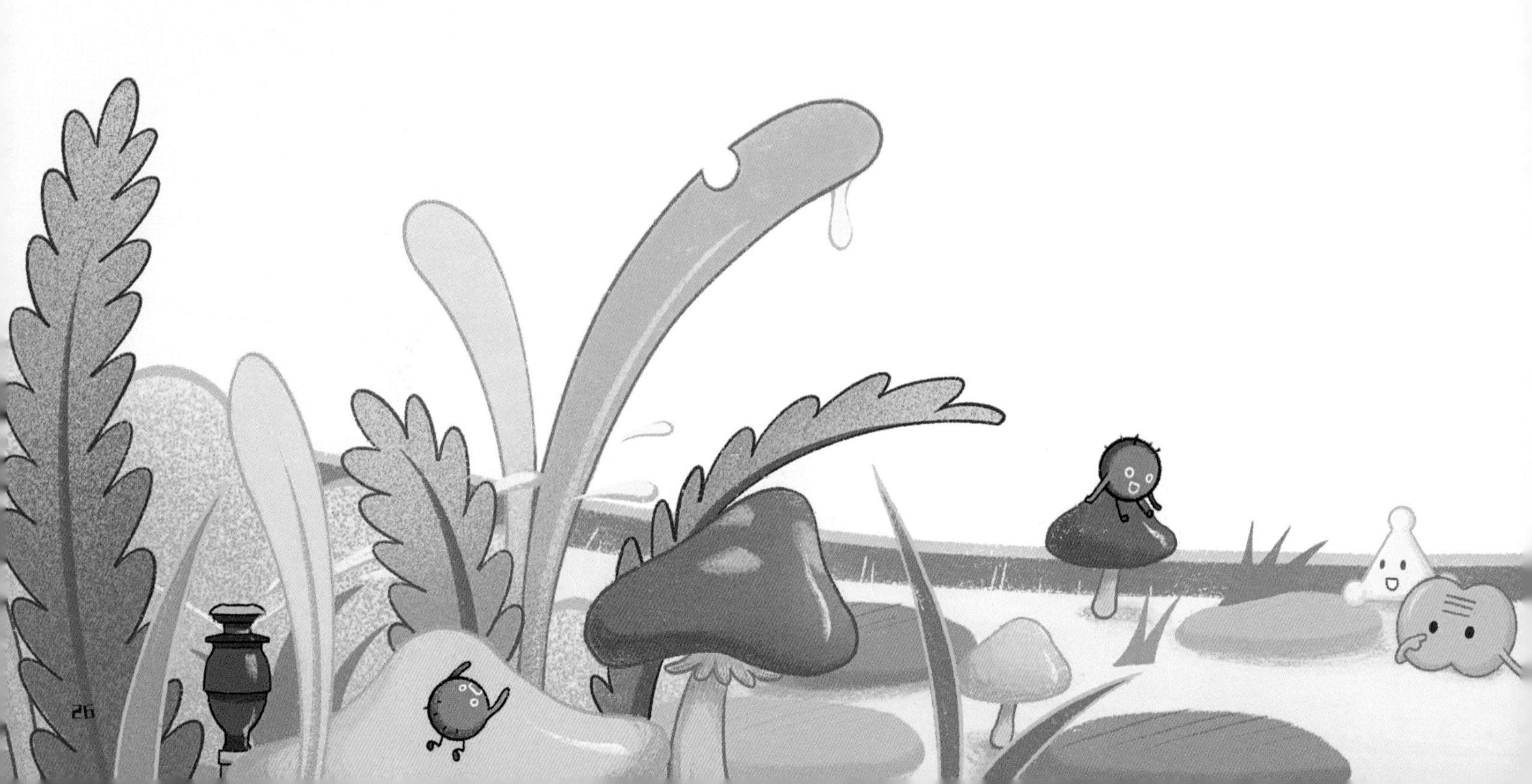

小水滴恍然大悟："原来园林工人会用积蓄的雨水来浇灌植物，看我们多有用啊！"

小水滴看到有人在采蘑菇、挖野菜，问身边的金属汞：“人们是在制造新的陷阱吗？”

“那倒没有，他们会食用蘑菇和野菜，你不知道吧，这些植物里也有我的伙伴呢。”金属汞窃喜道。

小水滴虽然不知道它们在做什么，但是看到它们邪恶的眼神，不禁为人类担心起来。

C
Cu

“别担心，我可以吸附重金属，人类还有很多办法呢！”颗粒物安慰道。

“小心！”大家拉住了就要进入污水处理厂的小水滴，小水滴诧异地说道：“为什么？我的家人朋友都在那里。”

大家异口同声叫了起来：“小水滴，那儿简直就是‘地狱’，如果你进去，恐怕我们真要分开了。”

小水滴有些失落，自言自语：“走了一路，到处都是陷阱，一点也不好玩。”

小水滴好像忽然想到了什么，提议道："我知道一个地方，已经有六百多年的历史了，你们一定会喜欢的，跟我走吧。"

大家满怀期待地雀跃着跟随小水滴继续它们的探索之旅。

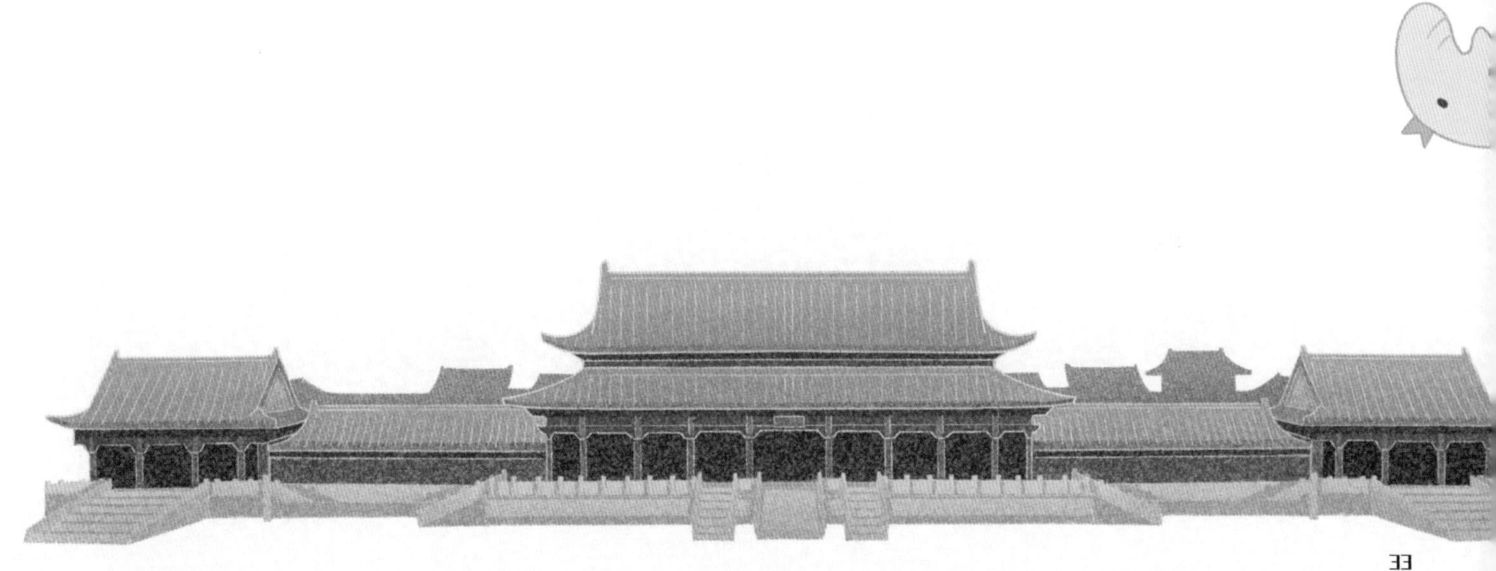

第三章

螭首讲故宫

很快它们就到了故宫。看着壮观精美的宫殿，大家不禁感慨："小水滴，你找的这个地方真美。"

小水滴叫大家跟上，然后顺着铜钱眼就进入了地下通道。小水滴说："六百年前，我就和我的伙伴们在这座雄伟的建筑里游玩过，没想到，这么多年过去了，这里竟然没有变化。"

看见这里像蜘蛛网一样的通道，大家决定玩捉迷藏。

小水滴和它的朋友们一会儿来到地面，一会儿进入地下，一会儿跑到“沟眼”，一会儿又躲进“钱眼”，玩得开心极了。

只见那些斑驳的墙体上沉淀着百年的沧桑，那份古朴与厚重散发着浓浓的历史气息。小水滴想起多年未见的老朋友，对大家说道：“我带你们去认识一位朋友，它叫螭首，它可是这里的元老了。”

大家跟着小水滴走到螭首面前，好奇地打量着这只神兽，小水滴介绍道：“它叫螭首，是不是长得很酷?”

螭首说道：“小水滴，好久不见，到哪里去了？怎么变得脏兮兮的。”

“你才脏兮兮的，它们都是我刚刚结识的好朋友。”小水滴得意地说道，“你这只没有角的龙，刚才，我们在这里玩捉迷藏，有趣极了。”

螭首慢慢地说道：“这叫排水系统，你们看，故宫三大殿高台上的螭首有1142只，这些螭首除了具有装饰作用，雨天还可作为排水口，排出高台上的雨水。在天降大雨时，这里便会出现千龙喷水的壮观景象。”

蟎首娓娓道来：“说起故宫的排水系统，不得不赞叹人类的智慧，大量的雨水依次通过支线、干线流入内金水河，之后会经过三道水系：第一道：明内城护城河及大明壕、太平湖；第二道：西苑太液池和后海；第三道：外金水河和故宫的筒子河。”

小水滴赞道：“蟎首，你还蛮有学问的！”

小水滴说：“你看这里的地势北高南低，形成水流的走向，正中的御道，成为分水线。”

螭首笑着说道：“小水滴你观察得很对，故宫内的排水工程是精心规划设计的，有干线、支线，有明沟、暗沟、涵洞、流水沟眼等，纵横交错、主次分明，贯通各个宫殿庭院，形成一个庞大而完整的排水网络。你们就是在这里玩的捉迷藏吧。”

Cu
Zn

金属汞不禁感叹：“真是太厉害了，这么精妙的排水系统，竟然是六百年前建造出来的。”

说着说着天空下起了大雨，大家开心地顺着雨水进入了排水系统，一路上欢声笑语，好像马上就要从螭首的嘴里冲出去了，大家兴奋地屏住呼吸。

“咦，怎么流进了瓶子里？救……”有机物刚要呼喊救命，小水滴赶紧说道：“嘘……别着急，看看发生了什么。”

第四章

海绵城市的秘密

从瓶子里向外望去，小水滴发现它们被带进了一座美丽的校园。

小水滴听到一个声音在说："欢迎同学们来到'科学小课堂'，今天要分享的主题是'海绵城市'"。原来是一位志愿者哥哥在给同学们讲课。

只见他指了指地面问道："同学们，你们知道这条路是用什么材料铺的吗？"

同学们嘀咕道："这不就是砖吗，看上去好像没什么。"

志愿者哥哥讲道："别小看它，它是透水砖，雨水经过它时会快速下渗。"

一位同学说："哦，有了透水砖，下雨的时候路面就不会积水。"

蓄水层
植物层
种植土壤层
填料层
砾石层
溢流管
穿孔管

小水滴对重金属说道："这不是人类的陷阱吗？"

重金属暗暗恨道："明明是陷阱，还说得那么好听。"

有机物吓得赶紧闭上眼睛，小水滴安慰道："别怕，你看这里多漂亮。"

这时一位同学看着小路旁边的绿地说道："这片绿地和我家小区的花园一样！"

志愿者哥哥说："从我们的专业角度，这叫'生物滞留设施'，是一种雨水存储与净化的系统，一般建造在地势较低的区域。"

他接着说："它内部结构丰富，从上到下依次是蓄水层、植物层、种植土壤层、填料层和砾石层。"

小水滴和朋友们沉浸在眼前美丽的景色中。

它们又听到志愿者哥哥讲道：“你们看，前面这座人工湖作用可大了。它是一个多功能雨水调蓄池，不仅可以美化环境、改善生态，还可以积蓄雨水，用于浇灌绿植、洗车和冲厕，同时还起到缓解城市内涝的作用。”

志愿者哥哥发现一位同学正在把路面上堆积的落叶扫进“洞口”里，连忙制止道：“你在做什么？”

同学说：“我想让路面更干净一些。”

志愿者哥哥告诉大家：“这可不是垃圾桶，这是雨水口，有些人把落叶等垃圾直接扔在里面，从而造成堵塞，在雨天不能及时排放雨水，很容易形成内涝。”

小水滴心想，原来这个“陷阱”也这么重要。

一位同学兴奋地叫道：“前面的房顶上种了很多绿植，这个对于净化雨水是不是也有作用？”

志愿者哥哥说：“没错，它就是绿色屋顶，还可以应用在露台、阳台上，能提升城市绿化面积，净化雨水，美化环境，改善气候。”

“哦，原来是这样，我一定要告诉我的朋友们。”小水滴听得开心，一转身看着氮、磷它们很着急的样子，安慰道：“别着急，我们见机行事，一定可以出去。”

大家跟着志愿者哥哥走进了实验室，开始准备做实验。同学们戴上口罩、穿上实验服，在志愿者的指导下，拿出试剂与仪器。

“我们接下来作水质分析实验，取样瓶里是来自故宫的雨水水样，雨水中的污染物主要是悬浮颗粒物、氮磷污染物、有机物、重金属等，下面我们来检测各种污染物的具体含量。”

当小水滴身边朋友的名字被一一提起，小水滴好像突然明白了什么。

志愿者哥哥向同学们介绍了污染物的来源和危害。

先是悬浮颗粒物，主要来自化石燃料燃烧、工业生产和建筑施工等，它会形成雾霾，引起肺部疾病，也是多种污染物的载体。

然后是氮磷营养物，主要来自肥料的冲刷释放、生活污水和工业废水。当它们大量进入湖泊、水库、河流等水体时，由于水中营养元素过剩，导致水生植物和藻类大量繁殖，水质恶化，鱼类及其他生物死亡。

听到这里，小水滴看了看它的好朋友们，吃惊地捂住了嘴巴和鼻子。

重金属和有机物是雨水中的两类重要污染物，重金属主要包括汞、铅、锌、镉、砷、铬等，来自轮胎磨损、汽车尾气排放；有机物主要包括多环芳烃（PAHs）、甲基叔丁基醚等，它们的长期累积会对人类和环境造成严重影响。

听到这里，小水滴感到有些难过。它的朋友们也都陷入了沉思。

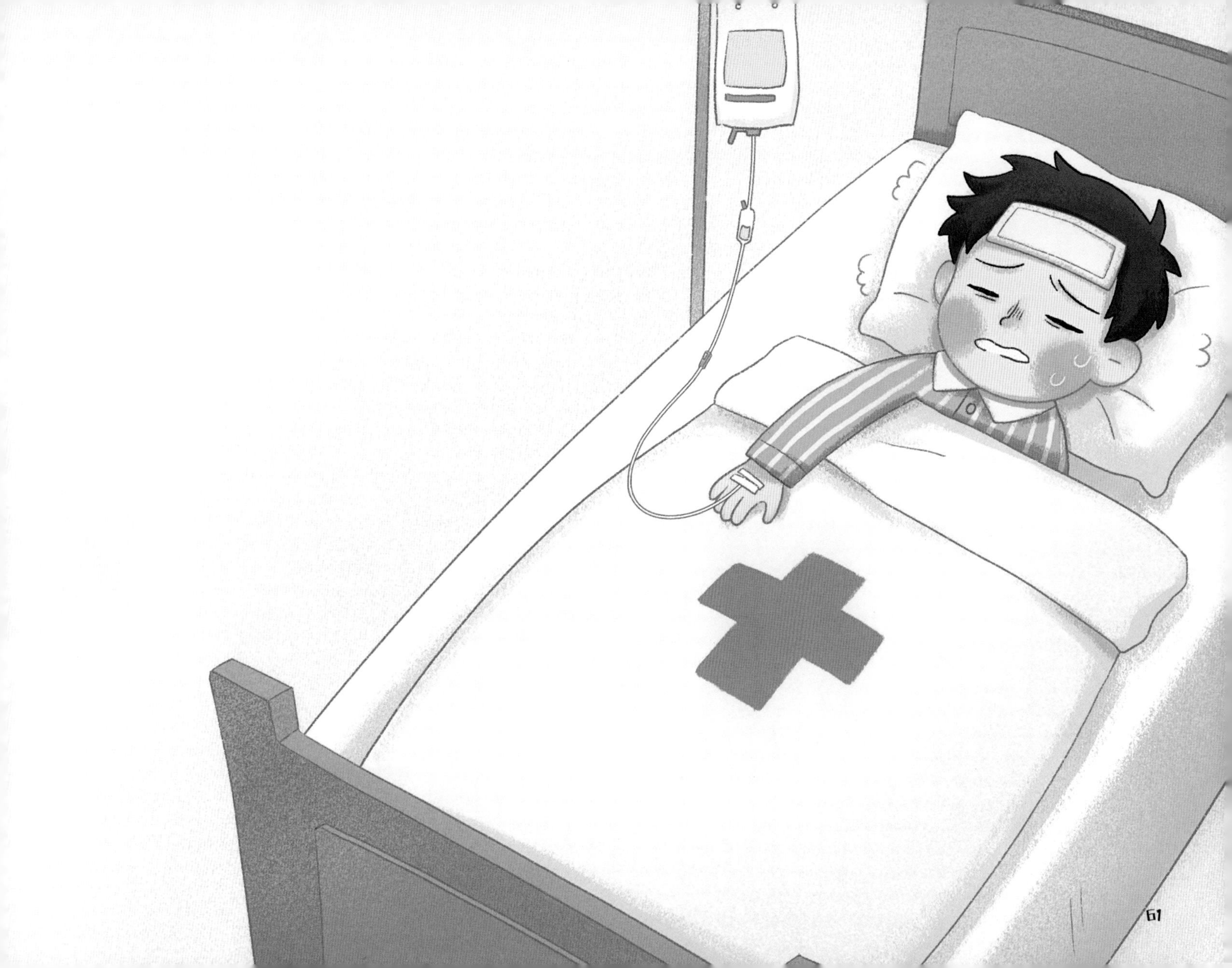

海绵城市
生物滞留池
蓄水层
植物层
种植土壤层
填料层
砾石层
溢流管
穿孔管
透水铺装

听完志愿者哥哥的讲解，同学们更加认识到净化雨水、保护环境的重要性。

在学校的展览区，同学们在展板上看到了透水铺装、生物滞留池、雨水花园和绿色屋顶这些海绵设施的原理展示。

“海绵城市是什么？”

志愿者哥哥接着讲：“海绵城市，顾名思义，就是一个像海绵一样的城市，在适应环境变化和应对自然灾害等方面具有像海绵一样良好的‘弹性’，在下雨时吸水、蓄水、渗水、净水，而在人们需要的时候将蓄存的水‘释放’并加以利用。国家提出了海绵城市的重要战略，建设宜居城市。”

听到这里，小水滴眼里闪烁着期待和欣喜的光芒。

正在这时，一位老师向大家走了过来。

生物滞留池
蓄水层
植物层
种植土壤层
溢流管
穿孔管
透水铺装

老师对志愿者说道：“你的科学小课堂的粉丝量可越来越多了。”

老师讲道：“大家听到、看到的这些设施，只是海绵城市的一部分。我国目前已经建设了两批共三十个全国海绵城市建设试点，从加强屋面、路面、雨水设施源头的污染减排，到经过排水管道、沟渠、生物滞留带等传输过程中的污染物处理，再到末端城市河流、湖泊等水体的深度净化，雨水会经过全过程的截留、吸附、降解等作用，得到净化，从而补给地下水和地表水，成为宝贵的水资源。”

小水滴这时感到了自己和人类的命运如此息息相关，不禁有些得意。

同学们纷纷表示将来也要为城市的环境建设作出贡献。

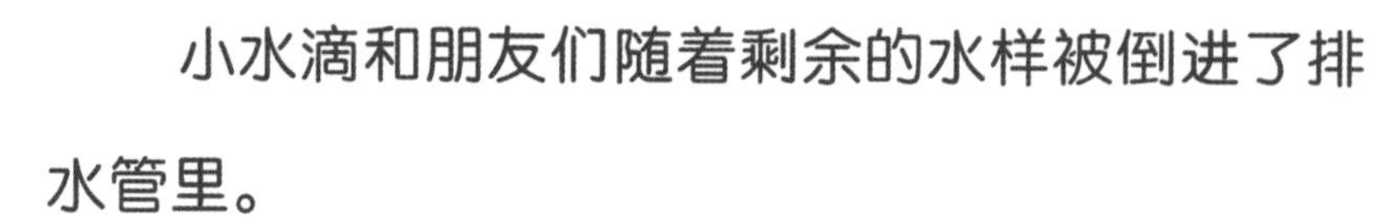

小水滴和朋友们随着剩余的水样被倒进了排水管里。

大家兴奋地说："太棒了，我们终于出来了！"

小水滴突然想起和白鹭的约定：“我的好朋友告诉我，在这附近有一个特别美丽的地方，叫‘湿地’，我们去那儿吧！”

第五章

友好的湿地妈妈

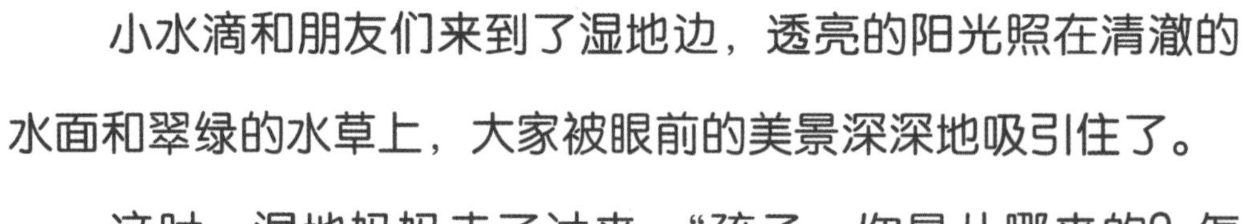

小水滴和朋友们来到了湿地边，透亮的阳光照在清澈的水面和翠绿的水草上，大家被眼前的美景深深地吸引住了。

这时，湿地妈妈走了过来：“孩子，你是从哪来的？怎么脏成这样？”

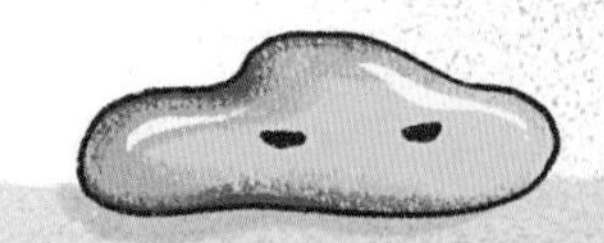

小水滴回忆道：“我从云朵上下来，这些都是我的好朋友。”

蓄水层
溢流管
植物层
种植土壤层
填料层
穿孔管
砾石层

“路上，我见到了存储雨水的雨水塘、下渗雨水的渗井、净化雨水的生物滞留设施、美丽的低势绿地、大面积的透水铺装……听一位老师说，这些都是海绵城市的组成部分。”

湿地妈妈和蔼地说道：“我也是海绵城市的一部分。欢迎你们来到湿地。”

污染物们警惕地说：“原来您也是‘陷阱’！”

小水滴为难地说：“但是，它们都是我的好朋友，我不想和它们分开。”

正在左右为难之际，白鹭飞了过来，说道：“小水滴，见到你真高兴！哎，你身上怎么脏兮兮的？”白鹭环顾一圈，“哦，我知道了。”

小水滴发现原来白鹭也不喜欢它的这些朋友们，变得更加为难了。

污染物们气愤地说道：“你们就是瞧不起我们！小水滴，我们走。”

小水滴低下头，看见了自己在水中的倒影，吓了一跳：“我的脸和头发怎么变成这样的，连衣服颜色都变了？”它看了看身边的朋友们，不禁想起志愿者哥哥说过的污染物的危害。

小水滴问湿地妈妈：“是它们一直在旅途中陪伴着我，你能帮帮它们吗？”

湿地妈妈看到小水滴为难的样子，温柔地说道：“颗粒物可以成为湿地底泥大家庭的一员，有机物可以为湿地系统里微生物提供食物，氮将进入复杂的氮循环过程最终变成氮气，而磷和重金属会被吸附在底泥和植物根系上，磷还可以被植物和微生物利用。”

听到这里，小水滴和污染物们眼里都放出了光芒，骄傲之情溢于言表。

小水滴说："水是生命之源，也是一切生命赖以生存的重要物质资源。良好的水生态环境需要我们大家共同努力。让我们约好，大家在自己能发光发热的地方，做对生态环境有益的一员！"

大家异口同声地表态：“嗯！我们准备好了，一起努力！”

白鹭说："小水滴，欢迎你来到湿地。"

小水滴有些尴尬，说道："可是你不是嫌我太脏吗？"

湿地妈妈说道："小水滴，你现在再看看自己的样子。"

小水滴转了一圈，惊奇地发现自己又变成了原来的样子了，开心地问道："这是怎么回事？"

白鹭说道："干净的水是健康生态环境的重要保障，湿地就是最好的天然净化器。"

湿地妈妈笑着说："小水滴，你刚才是在土壤、微生物、植物的共同帮助下，变得越来越干净！"

小水滴感谢湿地妈妈丰富的生态系统终于把自己变干净了。它向老朋友白鹭跑去，白鹭带着它认识了天鹅、野鸭……

阳光洒在清澈的水面上，几条小鱼灵活地躲开觅食的白鹭，飞快窜进水草底下。小水滴们聚在一起，开心地唱起歌来，蓝色的衣服闪烁着金色的光芒，引得路过的小鸭子们好奇地盯着不放。

新生的雏鸟围在小水滴身边，它惊奇地看着毛茸茸的雏鸟们，温柔地抚摸着它们，小鸟们摇摇晃晃地用嫩黄的嘴尖啄小水滴的衣摆。小水滴快乐地笑起来，在湿地里轻盈地打转。

尾声

小水滴的心愿

小水滴欢笑着，和很多水滴手拉着手，在阳光下轻轻飘了起来。它们蒸发成水蒸气，向天空飘去，继续它们的旅途。

它要变成云，见证人类更多的奇迹；

它要汇成河，滋养地球生命万物；

它要汇成海，奏响海的乐章；

它要变成雪，了解高山的故事；

它还要……

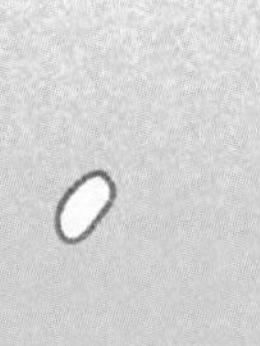